RÉPONSE

A QUELQUES MOTS

ADRESSÉS PAR M. MAXIME VERNOIS

AUX GENS DU MONDE,

<small>SUR</small>

L'HOMŒOPATHIE,

DANS LE LYCÉE,

Journal publié par l'Athénée des Arts, Sciences et Belles-Lettres de Paris ;

LUE

A LA SOCIÉTÉ LIBRE D'ÉMULATION DE ROUEN,

<small>Dans sa séance du 15 avril 1835 ;</small>

PAR LE DOCTEUR CARAULT.

ROUEN,

F. BAUDRY, IMPRIMEUR DU ROI,

<small>RUE DES CARMES, Nᵒ. 20.</small>

———

1835.

RÉPONSE

A QUELQUES MOTS

ADRESSÉS PAR M. MAXIME VERNOIS

AUX GENS DU MONDE,

SUR L'HOMŒOPATHIE,

DANS LE LYCÉE,

Journal publié par l'Athénée des Arts, Sciences et Belles-Lettres de Paris;

PAR LE DOCTEUR CARAULT.

———•———

Une doctrine médicale qui exerce depuis plusieurs années la sagacité des hommes les plus habiles de l'Allemagne où elle est née, qui est proclamée par les uns comme la méthode de traitement la plus efficace qui ait été mise en usage jusqu'à présent, décriée par les autres comme une des mille formes que revêt le charlatanisme pour faire de nouvelles dupes, l'homœopathie, qui n'a d'abord excité en France que le sarcasme et la plaisanterie, commence à devenir l'objet d'un examen sérieux de la part des médecins que de consciencieuses études ont mis à même de reconnaître l'insuffisance de quelques parties de leur art. Avant d'accepter comme un véritable progrès les étranges idées d'Hahnemann, ils veulent s'assurer, par des expériences faites avec soin, de la réalité des faits annoncés par ce savant, depuis long-tems célèbre. La lecture attentive de ses ouvrages renverse tellement toutes les idées reçues, qu'il est impossible au premier abord de se défendre d'une grande méfiance, si ce n'est d'une incrédulité complète. On ne comprend pas en effet, si Hahnemann dit vrai, comment les hommes de génie qui sont venus tour-à-tour faire briller la lumière dans les parties les plus obscures de la pathologie, ont pu négliger des vérités si simples qu'on s'étonne qu'elles n'aient pas frappé les médecins qui ont recueilli les premières observations pour en former un corps de science. Mais de ce qu'on a si long-tems suivi la voie de l'erreur, de ce que nos devanciers, dont on est loin de répudier les nombreux et brillans travaux, ont négligé un principe important, seulement entrevu par quelques uns, faut-il conclure que le réformateur allemand s'est laissé égarer par son imagination, et que ce qu'il proclame comme vérité n'est qu'un tissu d'absurdités indignes d'examen? Je ne le pense pas. Et la bonne foi, la candeur qui règne dans ses écrits ; le soin qu'il prend de ne pas imposer son opinion, mais d'engager à suivre son exemple pour arriver aux résultats qu'il a obtenus, ne permet pas à celui qui

l'a lu de rester indifférent à un débat qui intéresse
si puissamment l'humanité.

M. Maxime Vernois, qui a la prétention d'appren-
dre aux gens du monde en quoi consiste l'homœopathie, ne paraît pas s'être arrêté à ces considérations.
Il me sera facile de démontrer qu'il n'a pas même lu
les ouvrages d'Hahnemann. Je vais le suivre pas à
pas pour ne point affaiblir ses argumens, car ses
Quelquees mots aux gens du monde sur l'Homœo-
pathie ne sont autre chose qu'un factum, une dia-
tribe, si l'on veut, contre l'homœopathie.

Si le critique tient peu à bien connaître le fond
de son sujet, par compensation, il se donne garde
de négliger la forme qu'il sait n'être pas sans in-
fluence sur les lecteurs auxquels il s'adresse; aussi,
prenant les choses de loin, commence-t-il par
énoncer la nécessité d'une alliance entre la science
et la littérature, afin que celle-ci, par sa grâce et son
charme, rachète l'aridité de celle-là pour laquelle
se passionneront les plus indifférens, si elle est re-
vêtue de formes attrayantes, ainsi que l'ont heureusement essayé quelques hommes célèbres : Delaplace
pour l'astronomie, Fourcroy pour la chimie, Du-
verney pour l'anatomie. L'auteur consacre ensuite
un paragraphe à l'injustice et à l'indifférence des
contemporains envers les hommes de génie, thê-
me dès long-tems rebattu, mais trop précieux sous
la plume de M. Vernois, pour que je ne vous le
fasse pas connaître en entier, en vous priant de ne

pas le perdre de vue, car il s'applique parfaitement à l'homme célèbre dont il n'a pas su apprécier les travaux faute de les avoir étudiés, et parce qu'il est le point de départ des nombreuses hérésies dont se compose son article. « La science, et le charlatanisme qui en est l'odieuse parodie, peuvent être comparés au vice et à la vertu sous le rapport de leurs triomphes et de leurs revers dans ce bas monde. Le vice heureux, la vertu proscrite, telle est la morale des romans de M. Eugène Sue. Si ce fait est désespérant pour l'humanité, il est du moins plus vrai que le dénoûment des drames de M. De Pixérécourt, et j'ai grande envie de l'adopter quand j'applique ces considérations à la médecine. Quel auteur a recueilli de son vivant le fruit de ses veilles laborieuses? Quel auteur a vu sur son front l'auréole de gloire que la postérité lui a souvent accordée? Si j'en excepte autrefois Galien, qui s'est trouvé dans des circonstances particulières pour jouir de toute sa renommée pendant sa longue existence, et qui du reste n'est pas échappé à la jalousie de ses confrères de Rome; si j'en excepte encore notre Cuvier, ce savant européen, je ne sache pas de médecin qui ait pleinement reçu de son siècle la part de célébrité qui lui était due. Serait-ce Haller? serait-ce Brown? serait-ce Harvey? serait-ce, de nos jours, Broussais ou Geoffroy - Saint-Hilaire? Non sans doute : on n'aime pas à recevoir des lois de ses égaux, on n'aime pas à avouer que l'on a tort, et qu'un homme parti du même point que nous a marché plus vîte avec les mêmes jambes, a mieux vu avec les mêmes yeux ; des jambes d'hommes, des yeux d'hommes.... C'est qu'il y a quelque chose de plus que de vulgaire dans ces génies, dans ces espèces d'anomalies intelligentes qui nous surpassent et nous éclairent. » On trace ensuite un portrait fort poétique du charlatan, qui, suivi d'un bout à l'autre, représente aussi bien Dupuytren et Broussais, que Cagliostro, le marquis Caretto ou tout autre; et l'on termine par une comparaison de l'homœopathie avec la graine de moutarde blanche et les sirops dépuratifs.

Après ces détours, M. Maxime Vernois arrive enfin à l'homœopathie qu'il définit assez bien, mais dont il nie le principe fondamental, à savoir, que les substances médicamenteuses n'agissent sur l'homme malade qu'en raison des désordres qu'elles produisent sur l'homme en santé, faits que j'ai reproduits sur moi-même en me plaçant dans les conditions de régime exigées par Hahnemann pour l'expérimentation, et dont n'ont pas pu s'assurer les hommes prévenus comme l'auteur de l'article, en raison sans doute de la négligence qu'ils ont mise à observer le régime dont ils n'ont pas senti toute l'importance, à supposer qu'ils aient mis de la bonne foi dans la recherche de la vérité.

Il y a deux choses à considérer dans l'homœopathie : sa doctrine d'abord, ses applications ensuite ;

et si l'on s'en rapporte au dire de l'ancien élève
des hôpitaux , il va successivement étudier chacun
de ces points. Voyons comment il s'y prend pour
en donner une idée exacte aux gens du monde
pour lesquels il écrit.

Rappelant d'abord les principes fondamentaux des
deux écoles : *Contraria contrariis curantur* pour
l'allopathie ; et *Similia similibus sanantur*, pour
l'homœopathie , M. Vernois indique rapidement
quelques cas où la médecine ordinaireconverge vers
l'homœopathie dans l'application de ce dernier ,
et semble ne pas concevoir que les moyens de la
science nouvelle diffèrent de ceux-ci , d'où il lui
est facile de déduire des conséquences fausses et
ridicules qui font de l'homœopathie une chose assez
plaisante, pour peu que l'on néglige les intérêts les
plus puissans de l'humanité, et de son auteur un
charlatan , ce que prouvent d'ailleurs surabondam-
ment les persécutions qu'il a éprouvées de la part
de plusieurs gouvernemens d'Allemagne, sollicitées
par des médecins et des pharmaciens ligués contre
lui. Et pour qu'il ne reste pas de doute sur l'absur-
dité de la méthode thérapeutique que l'on combat, on
prend un exemple heureusement choisi, celui du
vomissement, auquel les homœopathes prétendent
remédier en administrant le globule antivomitif,
quelle que soit d'ailleurs sa cause ou sa nature, qu'il
dépende d'un état inflammatoire ou d'un spasme ner-
veux, qu'il soit dû à une affection de l'estomac ou

à celle d'un organe éloigné avec lequel celui-là entretient des rapports sympathiques, etc. Je suis forcé de convenir que l'homœopathie ainsi conçue est ce qu'il y a de plus absurde au monde, mais je ne reconnais nullement dans cet exposé la doctrine d'Hahnemann, qui, faute de méditations de sa part, n'a pas été comprise par M. Maxime Vernois.

L'instituteur des gens du monde passe ensuite aux explications qui lui paraissent rendre compte du mode d'action des médicamens dans le traitement des maladies, et pour se faire mieux comprendre, il présente des comparaisons qui peuvent prouver ce qu'il avance, mais nullement la doctrine dont il prétend donner une idée; puis il cite des phrases détachées et qui, ainsi isolées de celles qui suivent ou précèdent, n'expriment que des absurdités, et il s'écrie d'un air de triomphe : c'est Hahnemann qui tire cette conclusion. Ce moyen facile de terrasser un adversaire n'est pas nouveau, et M. Vernois pouvait d'autant moins se le refuser, que sa logique aurait paru bien pâle en face de celle d'un homme d'une érudition immense, qui n'admet comme vrai que ce qui est fondé sur des faits nombreux et irrécusables. Sans la légèreté, qui est un des attributs de son âge, l'élève interne de la Pitié n'aurait pas écrit l'article dont je vous rends compte, car il aurait lu attentivement les ouvrages du médecin allemand, et s'il n'avait pas été convaincu, du moins aurait-il douté. Le chapitre sur les *sources de la*

2

matière médicale lui aurait fait sentir toute l'insuffisance des doctrines généralement adoptées, et la
nécessité de persévérer dans la voie du progrès pour
amener la médecine au point de perfection qu'il
lui est donné d'atteindre, si l'on veut qu'elle tienne
un rang honorable dans les sciences naturelles.
Mais alors M. Maxime Vernois n'aurait pris parti ni
pour ni contre l'homœopathie, il aurait attendu
que des hommes plus capables que lui de juger ces
hautes questions de philosophie médicale se fussent
prononcés, et je n'aurais pas actuellement l'avantage de faire retentir son nom dans cette enceinte.

Jusqu'ici le critique n'a péché que par ignorance
et faute d'avoir voulu s'instruire. Nous allons main-
tenant le voir y joindre sa compagne fidèle, la
mauvaise foi : deux élémens indispensables pour
faire un article plaisant sur une affaire sérieuse ;
mais il fallait faire rire les gens du monde pour les
mieux éclairer sur l'homœopathie, il fallait créer
des préventions en la faisant considérer comme
l'invention la plus bouffonne, il fallait enfin se faire
lire, et pensant que le burlesque avait plus d'attrait
que la raison dont le langage est trop sévère pour les
lecteurs qu'il veut instruire, il a préféré faire la
parade et s'est abstenu de monter en chaire et de
professer. Ce dernier procédé aurait exigé, de la part
du redoutable adversaire d'Hahnemann, de laborieuses recherches, de longues méditations, un
examen approfondi, et tout cela aurait entraîné des

longueurs et une fatigue auxquelles il ne paraît point accoutumé ; il a trouvé plus simple et plus commode de prêter à l'auteur de l'*Organon* ses propres idées sur un sujet dont il ne connaît que le nom, et ne s'en est pas fait faute ; il est ainsi parvenu à faire un feuilleton très-amusant dans lequel il n'a négligé que deux choses : la vérité et les intérêts de l'humanité.

On aurait accordé peut-être assez facilement à Hahnemann sa théorie des semblables, en songeant aux guérisons nombreuses et assez fréquentes qu'obtient la médecine ordinaire de l'application des vomitifs contre le vomissement, des purgatifs contre la diarrhée, de la saignée et des émissions sanguines contre l'hémorrhagie, du vésicatoire contre l'érysipèle, si, par une concession à laquelle il a eu la mauvaise grâce de se refuser, il avait conservé les tisanes, potions, pilules, emplâtres, cataplasmes, lotions, etc., qui forment l'arsenal de l'ancienne thérapeutique ; mais, loin de là, il proclame la nécessité de n'administrer jamais qu'une seule substance à la fois et de l'administrer à un état de division que la pensée seule peut saisir ; c'est alors qu'ont surgi les oppositions et qu'on s'est exclamé sur ce que la doctrine allemande avait d'incroyable, et que, sans s'enquérir des faits sur lesquels elle s'appuyait, on a déclaré tout d'abord qu'elle était indigne de l'examen d'un homme qui avait conservé sa raison ; c'est alors que M. Vernois, déplorant la pauvreté

de notre langue, regrette de ne pouvoir qualifier
que de très-fous ceux qui se sont laissé séduire par
la lecture de l'*Organon* et les expérimentations
qu'ils ont faites de bonne foi, expérimentations
qui leur ont démontré d'une manière incontestable
une partie des vérités découvertes par la sagacité
et la patience laborieuse du père de l'homœopathie.

Il est vrai que jusqu'ici le passé ne nous offre rien
de semblable aux énoncés d'Hahnemann touchant
les doses des médicamens dans le traitement des
maladies, et que les plus faibles auxquelles on ait
communément recours sont énormes en comparaison ; mais la nature, qui a son passé aussi ,
la nature, dont l'art n'est que l'imitation plus ou
moins imparfaite , nous offre d'assez nombreux
exemples de ce mode, qui, tout étrange avant qu'on
y ait songé , paraît au moins possible lorsqu'on
y a un instant réfléchi. Ainsi, les miasmes qui
occasionnent ces maladies contagieuses et épidé-
miques qui frappent de terreur les populations sur
lesquelles elles viennent sévir inopinément, sont-
ils quelque chose de plus saisissable que les doses
homœopathiques ? S'est-il rencontré un physicien
assez ingénieux pour nous doter d'un instrument
qui nous indiquât combien il en doit pénétrer
dans l'organisme pour y causer les désordres qui
constituent la grave maladie qu'ils occasionnent ?
La chimie a-t-elle découvert des réactifs qui permet-
tent de découvrir leur présence pour que l'on puisse

se soustraire au danger ; indique-t-elle des neutra-
lisans qui paralysent leur action et préservent l'humanité de ces fléaux destructeurs ? Les virus qui don-
nent lieu à un autre ordre de maladies dont l'existence est incontestable , bien que personne ne les
ait encore isolés des humeurs qu'ils vicient , agis-
sent-ils plus que les miasmes par leur masse dans
le corps de l'homme ? S'est-il trouvé quelqu'un qui
nous ait appris quelle quantité en poids il faut de
vaccin pour préserver de la petite-vérole ? Qui pour-
rait-nous dire quelle quantité de mercure est néces-
saire à la guérison d'un enfant dont la nourrice avale
quelques cuillerées de la solution de Van Swieten,
ou même est traitée par les frictions ? Combien en
a-t-il fallu à Jurine, de Genève, pour guérir un jeune
homme atteint de syphilis constitutionnelle , chez
lequel le mercure produisait des aggressions qui
menaçaient son existence, et qu'il rétablit en trois
mois en lui faisant boire le lait d'une chèvre qu'on
frictionnait avec de l'onguent mercuriel ? Et combien
de faits de ce genre on rencontre dans les émana-
tions de certains végétaux, dont quelques unes sont
promptement mortelles pour l'homme et les animaux, et un plus grand nombre produisent des ac-
cidens qui se renouvellent constamment quand on
s'expose à leur action. Le simple contact de certaines plantes ne produit-il pas sur les parties tou-
chées des inflammations, des vésicules, des érup-
tions qu'on a quelquefois beaucoup de peine à faire

disparaître ? Sans quitter le domaine de l'histoire naturelle, nous trouvons encore qu'un observateur exact et judicieux, Spallanzani, s'est assuré que le sperme de grenouille a pu se diviser sans rien perdre de sa vertu fécondante, au point qu'il suffisait du contact d'un trillionième de grain pour féconder un œuf. C'est cependant en présence de pareils faits, que les hommes de l'art ne doivent pas ignorer, qu'on nie les vérités proclamées par Hahnemann, vérités qui n'ont rien de plus incroyable, ni de plus inexplicable que celles que je viens de rappeler, et dont personne ne s'est encore avisé de douter.

Mais revenons à M. Maxime Vernois, que je vais prendre en flagrant délit de mauvaise foi. A propos de la préparation des médicamens, on dissout un grain d'opium dans une livre d'eau, dit-il, puis une cuillerée à café de cette solution dans une deuxième livre d'eau, et ainsi de suite jusqu'à trente livres, époque de l'opération à laquelle vous aurez obtenu ce qu'on appelle une trentième dilution ; puis avalez tous les matins quelques gouttes de ce médicament arrivé à sa trentième faiblesse, etc. Si le savant critique s'était donné la peine de lire l'*Organon*, il aurait vu que ce n'est pas ainsi qu'on procède à la division des médicamens, mais il n'aurait pas été plaisant; s'il avait eu les premières notions de la physique, il n'aurait pas nié la divisibilité de la matière, il aurait connu toute l'importance de la trituration et du frottement sur le déve-

loppement des propriétés des corps , mais il n'aurait
pas amusé son lecteur ; s'il avait consulté les ouvrages écrits sur le sujet qu'il voulait traiter , il en
aurait conçu d'autres idées, et nous aurions été
privés de ses facéties.

Si les bornes de ce rapport me le permettaient,
j'aborderais beaucoup d'autres questions qu'ici je
ne pourrais qu'effleurer , ainsi que j'ai fait de celles
qui m'ont occupé précédemment ; car l'homœopathie entre au cœur de la médecine et la révolu-
tionne dans toutes ses parties ; elle seule , de toutes
les doctrines qui se sont succédées depuis Hippo-
crate jusqu'à nos jours , suit la nature pas à pas dans
la connaissance et le traitement des maladies, et si mes
occupations m'en laissaient le loisir, je m'adresserais
à mon tour aux gens du monde , puisque c'est à leur
tribunal qu'on veut porter aujourd'hui les questions
les plus ardues de la science, et je leur dirais de
bonne foi ce que c'est que l'homœopathie , ce qu'elle
peut faire dans l'intérêt de l'humanité, quelle immen-
sité de travaux nous avons à accomplir encore pour
la perfectionner ; je citerais des faits qui parlent plus
haut que tous les raisonnemens, et je prendrais à
témoin des hommes dégagés de toute prévention et
d'opiniâtreté ; je parviendrais ainsi à démontrer que
l'homœopathie est une chose sérieuse et qu'elle est
digne de toute l'attention du médecin jaloux des
progrès de son art et ami de l'humanité.

En passant , je dirai un mot sur la seule objection

sérieuse que j'aie entendu faire sur la doctrine homœopathique; elle porte sur la division extrême du médicament, qui permet de douter de la présence de
celui-ci dans les dernières triturations. On pourrait
entasser un grand nombre d'argumens en faveur
des deux opinions, sans résoudre la question: un seul
fait suffira pour la décider; il est dû à la sollicitude de
l'infatigable traducteur d'Hahnemann, qui ne pouvait admettre, avec le célèbre réformateur, que la
chimie perde absolument les traces des substances
dans les préparations homœopathiques. Pour résoudre
ce problème, il invoqua l'obligeance de MM. Petroz
et Guibourt, l'un pharmacien en chef de la Charité
de Paris, l'autre professeur de l'école spéciale de
pharmacie, qui lui remirent la note suivante, avec
autorisation de lui donner toute la publicité qu'il
jugerait convenable. « En mettant dans un verre de
montre une goutte de sublimé-corrosif à la quin-
zième dilution alcoolique, et y ajoutant une quantité
fort petite d'hydro-sulfate de soude, il reste une
légère couche opaque qui, interposée entre l'œil et
un papier, présente une teinte noirâtre manifeste,
surtout sur les limites du liquide évaporé. Si l'on
répète l'expérience avec de l'hydro-sulfate de soude
et de l'alcool pur, on obtient de même une couche
opaque, avec un reflet grisâtre ou noirâtre, qu'il
faut attribuer au degré d'atténuation du soufre pré-
cipité; mais il est certain que cet effet est moins
marqué que lorsque l'on emploie la solution de

sublimé-corrosif; de sorte que l'on doit conclure que la teinte noirâtre observée avec celui-ci est en partie due à la présence du composé mercuriel. »

Après avoir ruiné de fond en comble la partie théorique de l'homœopathie, le critique passe à l'examen pratique, car, comme il le dit lui-même, quelque ridicule que nous paraisse une doctrine, il ne faut jamais la rejeter sans l'examiner en conscience. Or, voici textuellement ce que lui a appris sa conscience sur ce sujet : « Nous avons essayé d'appliquer l'homœopathie aux principales affections aiguës ou chroniques qu'on peut, je dirai même qu'on a toujours occasion de rencontrer dans un hôpital, et nous avons expérimenté sur dix-huit substances simples les plus généralement employées. Pendant trois mois, sur cinquante-deux cas religieusement recueillis, il a constamment fallu, pour les affections aiguës du poumon, de l'intestin et du cerveau, renoncer à l'homœopathie; le malade nous serait mort entre les mains en attendant que nous le guérissions. Puis il cite un exemple, qui n'est qu'une supposition, sur le traitement de l'apoplexie, ce qui n'a pas moins de valeur que l'énoncé précédent; car il ne suffit pas, en médecine pratique, de faire des essais, il importe de les bien faire, et comment s'y serait pris M. Maxime Vernois, puisqu'il ne connaissait absolument rien au mode d'action des substances qu'il employait, non plus qu'aux cas qui en réclamaient l'application. Ici, on s'appuie du nom

du professeur Andral, nom qui n'est pas sans auto-
rité dans la science, en raison surtout de ses connaissance étendues, de la sûreté de son coup-d'œil et de
la loyauté bien connue de son caractère. Il est vrai que
M. Andral a jeté du haut de sa chaire quelques at-
taques contre l'homœopathie, et qu'on a fait sonner
bien haut la leçon que ce savant professeur a consa-
crée à l'examen de la doctrine du célèbre médecin
allemand. Si je n'avais hâte de terminer ce rapport,
que sans doute vous trouvez déjà bien long, Messieurs, il me serait facile de démontrer que, dans le
choix des faits qu'il combat, M. Andral a montré,
ou qu'il avait obéi à un entraînement toujours fâ-
cheux pour un homme grave, ou qu'il avait parlé
d'un livre dont il n'a fait qu'une lecture rapide,
qu'une étude superficielle. Je n'en veux pour preuve
que l'objection que fait l'éloquent professeur aux
expérimentations des médicamens sur l'homme
sain. M. Andral prétend que tous les faits avancés
sont faux ou dénaturés, à l'exception de ce qui a été
dit du mercure qu'il reconnaît pouvoir guérir des
affections semblables à celles qu'il produit, savoir
des périostoses et des stomatites. Sur quoi se fonde-
t-il pour nier l'action homœopathique des autres
substances médicamenteuses? Le voici : Hahnemann
soutient que si le quinquina guérit la fièvre intermittente, c'est qu'il a puissance de la faire naître
chez celui qui en est exempt. Si ce fait capital était
prouvé, dit M. Andral, une partie des conséquences

le serait aussi; s'il est faux, tout croule : or, plusieurs personnes, et mon interne en particulier, ont
pris du sulfate de kinine et jamais n'ont eu de fièvre
intermittente. Il y a évidemment eu préoccupation de
la part de M. Andral, car sans cela il n'aurait pu
perdre de vue que les premiers essais de Hahnemann
sur le quinquina remontent à 1790, et qu'à cette
époque le sulfate de kinine n'était pas connu ; que
depuis, c'est toujours sur le quinquina en nature et
non sur un de ses principes immédiats, pris isolé-
ment, que l'homœopathie a expérimenté, et qu'ici
M. Andral et ses élèves ont commis une faute qui
ne s'excuse que par leur défaut de connaissance de
l'homœopathie, lorsqu'ils ont fait usage d'une substance à la place d'une autre. Il saurait aussi, s'il
avait pris la peine de lire la *Thérapie des fièvres intermittentes* du conseiller Bonninghausen et les *Ré-
flexions sur le quinquina,* publiées par le docteur
Jourdan, à la suite de l'*Organon*, que cette substance
est loin de suffire à la guérison de toutes les espèces
de fièvres intermittentes, et que par conséquent il
ne lui est pas donné de les produire toutes. Ici donc,
le résultat a été nul par la faute des expérimentateurs,
qui ont cru indifférent de rester fidèles à l'une ou à
plusieurs des conditions de l'expérience. C'est là que
nos adversaires sont toujours en défaut; lorsqu'il s'agit
d'une substance végétale, on leur dit : prenez le suc
exprimé de la plante, c'est-à-dire, de la plante telle
que Dieu nous l'a donnée, racine, tiges, feuilles et

fleurs, et eux, ils prennent fleurs ou racine, selon qu'il est dans les habitudes de leur système d'employer les unes ou les autres. Ils commencent donc par dénaturer l'expérience pour dire ensuite qu'elle ne rend pas ce qu'elle avait promis, et cela sans intention arrêtée de mal faire, mais tout simplement parce qu'ils veulent juger avant de connaître, et connaître sans prendre la peine d'étudier; et puis, ils vantent leur logique, eux dont le raisonnement revient à ceci : Ce que vous dites du mercure est vrai, ce que vous dites du quinquina est faux. Si pour le dernier médicament vous aviez eu raison, nous vous aurions accordé votre loi, au moins en grande partie; les choses étant autrement, tout croule. Messieurs, je vous en demande pardon, mais votre conclusion est fausse. En supposant que nous nous soyons trompés sur le quinquina, si nous avons raison pour le mercure, il y a autant pour nous que contre nous; et puisqu'il est prouvé que vous avez mal expérimenté, l'avantage nous reste.

Je voudrais pouvoir terminer là, Messieurs, une discussion qui ne vous intéresse que médiatement, mais vous ne connaissez pas encore toute la pensée de M. Maxime Vernois sur Hahnemann et ses sectateurs; c'est par une anecdote qu'il va vous la développer. Un praticien distingué de la capitale, raconte notre académique antagoniste, fut dernièrement appelé à donner ses soins à une portière de son quartier; déjà quatre docteurs avaient épuisé leur

science auprès d'elle. Quel était le dernier, lui de-
manda-t-on ? Un *homme à pattes*, répondit-elle avec
assurance. La pauvre femme voulait dire un homœo-
pathe. Eh! bien, la faute grammaticale n'était pas
si grande qu'on pourrait le croire au premier abord,
car il faut se rapprocher beaucoup de certaines
classes d'animaux pour être partisan, quand même,
de la médecine homœopatique. Il n'y aurait rien à
répondre à un si foudroyant argument, si je n'avais
résolu de ne pas demeurer en reste avec M. Maxime
Vernois, et puisqu'il a fini par une anecdote, c'est
aussi par une anecdote, mais dépouillée de tout
commentaire, que je terminerai ce rapport. La
voici, telle qu'elle est rapportée dans les *Archives
homœopathiques*, journal qui se publie à Leipsick :
Un gentilhomme allemand, atteint d'une maladie
grave, sans être immédiatement mortelle, prit fan-
taisie de ne se faire traiter qu'autant qu'il aurait
rencontré trois médecins d'accord sur la nature et
le traitement de la maladie qui l'affligeait ; il n'en
consulta pas moins de 479 ; les opinions qu'ils lui
donnèrent sur la cause, le nom et le siége de son
affection, offraient 313 différences ; 892 ordon-
nances lui avaient été prescrites, et s'il les eût toutes
exécutées, il n'aurait pas pris moins de 1,097 médicamens. Dans son profond dédain pour la science
médicale, le malade avait un registre exact de tout ce
fatras ; sous le n° 301, se trouvait la consultation de
Hahnemann, car il avait été consulté comme bien

d'autres médecins. Interrogé sur le nom de la maladie, Hahnemann avait mis : o ; sur le remède à employer, il avait encore répondu par un o, et il avait
ajouté : le nom de la maladie ne me regarde pas, et
le nom du remède ne vous regarde pas ; le principal,
c'est la guérison. D'après de nouveaux conseils, le
gentilhomme se résolut à consulter 30 médecins
homœopathistes ; sur ce nombre, 23 furent d'accord sur le traitement à employer.

www.ingramcontent.com/pod-product-compliance
Lightning Source LLC
Chambersburg PA
CBHW050439210326
41520CB00019B/5995